旅のはじめに

　旅にはいろいろな形があります。緻密に計画された旅、気ままに歩きまわる旅、グルメな旅もあれば、観光名所をたずねる旅やアートを求める旅もあるでしょう。

　ねこをたずねる「ねこ旅」も、そういう旅の形のひとつだと、僕は思います。

　ねこ旅のよいところは、なにより健康になることです。高い塀の上、地元の人しか行かない狭い路地の奥、遺跡のかたわらの茂み……　どこにいるかわからないねこを探しまわるには、自分の足で歩かなければなりませんからね。

　土地の人とも仲良くなれます。ねこの居場所を聞かれて、笑顔にならない人はいません。ねこは、人の心をなごませ、言葉の壁を乗り越えて、心と心をつないでくれるのです。

　ねこは体を休めるのにちょうどよい場所をよく知っています。心地よい風が吹きぬけるところ、穏やかな日だまり。そんな場所にいるねこを探して歩くうちに、五感がだんだん磨かれてきて、自分もねこになったかのように、ねこのいる場所がわかるようになります。

　そうやって出会えたねこは、しばらくはあなたの相手をしてくれるかもしれません。でも、そのうちに眠くなってきます。ねこが目を閉じてごろ〜んとしたら、あなたも体を休めましょう。ねこが休むような場所は、人間にも居心地がよいのです。

　「ねこと一緒に昼寝をしてきた」。そんな旅もすてきではないでしょうか？

contents

003 　旅のはじめに

006 　**日本のねこ旅**　in Japan

008 　雪国のねこ…………羅臼町、弘前市、白川村、黒部市

022 　山里のねこ…………湯沢市、仙北市、田沢湖町、西目町、白石市、佐渡市、南会津町、奥会津、川越市、前橋市、藤沢市、横浜市、安芸太田町、尾道市、みなべ町、五島列島

040 　町のねこ……………小樽市、函館市、平鹿町、天童市、台東区、横浜市、藤沢市、名古屋市、奈良市、京都市、篠山市、松山市、琴平町

058 　寺町のねこ…………弘前市、川越市、鎌倉市、明日香村、奈良市、京都市、岩出市、尾道市、善通寺市、松山市、琴平町

074 　港町のねこ…………天売島、函館市、網地島、石巻市、田代島、横浜市、茅ヶ崎市、三保市、日間賀島、美浜町、唐津市、藍島

092 　南国のねこ…………那覇市、竹富島、座間味島

102 　**世界のねこ旅**　Overseas

104 　イタリアのねこ……ベネチア、シチリア島、ポルトベーネレ、アッシジ、フィレンツェ、カルーゾ、ローマ

130 　ギリシャのねこ……ミコノス島、サントリーニ島、アテネ

140 　トルコのねこ………ワン、イスタンブール、カッパドキア

154 　エジプトのねこ……カイロ、ルクソール、アスワン、ギザ

168 　モロッコのねこ……ワルザザート、ラバト、バハリル、ムーレイイドリス、チェビ砂漠、エッサウィラ、シャウエン、フェズ、カサブランカ、エルラシディア

192 　スペインのねこ……バルセロナ、コルドバ、グラナダ、アルプハラ、ラマンチャ、シエラネバダ、トレベレス

206 　旅のおわりに

石巻市・宮城県

日本のねこ旅

in Japan

また、会いましょう。
羅臼町・北海道

雪国のねこ

お気に入りの場所で。
弘前市・青森県

リンゴ畑に大雪の日。ヒゲを見ると緊張している。
弘前市・青森県

雪国のねこ

寒い日でもねこがいるのを見ると心が暖かくなる。
弘前市・青森県

三つ指ついて、お出迎え。
弘前市・青森県

雪国のねこ

ねぶたが仕舞われる小屋で雪やどりをする。肉球が冷えるのは辛い。
弘前市・青森県

踏み出しの一歩が肝心だ。
弘前市・青森県

雪国のねこ

毛が長い分、寒さには強いのか。
弘前市・青森県

雪国でも朝日はあたたかい。
弘前市・青森県

雪国のねこ

肉球が冷えない程度のお出かけ。
弘前市・青森県

冬の日だまりは貴重。体がふくらみます。
弘前市・青森県

雪国のねこ

早く家に帰りたい。
弘前市・青森県

世界遺産の白川村のねこ。寒さにはめっぽう強そう。
白川村・岐阜県

雪国のねこ

屋根の積雪が音をたてて落ちてちょっと驚いている。

黒部市・富山県

リンゴ畑にて。
湯沢市・秋田県

山里のねこ

とても楽しい遊び場が家裏にあります。
仙北市・秋田県

秋の香りにさそわれて。
田沢湖町・秋田県

山里のねこ

行く鳥を見つめています。

田沢湖町・秋田県

ホルスタインねこと呼びたい。
西目町・秋田県

山里のねこ

蔵の脇の居心地は最高。
白石市・宮城県

母親の優しさに浸る。
佐渡市・新潟県

山里のねこ

軒下からこちらを見ている。気がつくのかなぁという顔だった。

佐渡市・新潟県

すがすがしい朝だ。
南会津町・福島県

山里のねこ

窓辺にねこはよく似合う。
奥会津・福島県

これから長いベンチで横になるところ。
川越市・埼玉県

山里のねこ

ゆっくりと体が伸びます。
前橋市・群馬県

ここは静かでいい。
藤沢市・神奈川県

山里のねこ

誰にも邪魔されずに考えます。
横浜市・神奈川県

ねこのための小屋がある。
安芸太田町・広島県

山里のねこ

目覚めのとき。
尾道市・広島県

ただただ充足している。
みなべ町・和歌山県

山里のねこ

ねこは柿に興味がない。

五島列島・長崎県

朝の盛り場は静かでねこだけが動く。
小樽市・北海道

町のねこ

朝の光が射してきた。
函館市・北海道

たたみ屋のねこです。
平鹿町・秋田県

町のねこ

将棋の駒で知られる天童市にようこそ。
天童市・山形県

ヒゲで湿気を感じます。
台東区・東京都

町のねこ

梅雨時には外出を控えるのかな。
台東区・東京都

親きょうだい、集まっています。
台東区・東京都

町のねこ

路地を往くヒトの足音を聞いている。
台東区・東京都

余所見をしていても柵上のバランスは整っている。
横浜市・神奈川県

町のねこ

大切な招き猫。
藤沢市・神奈川県

ワタシは売り物ではありません。あしからず。
名古屋市・愛知県

町のねこ

車の屋根の陰でくつろいでいる。
名古屋市・愛知県

仲が良いメスの子ねこたち。
奈良市・奈良県

町のねこ

湿った風が吹いてくる。ネコが顔を洗う。

奈良市・奈良県

じゃれたい気持ちです。
京都市・京都府

町のねこ

見上げたらねこがたくましくいた。
篠山市・兵庫県

海岸通りから戻ってきたところ。
松山市・愛媛県

町のねこ

関心を引きたいのかもしれない。
琴平町・香川県

冬の日ざしは貴重だ。ここがいちばん暖かい。
弘前市・青森県

寺町のねこ

肉球だけは冷やしたくない。
弘前市・青森県

ねこの立ち寄り地点になっている。
川越市・埼玉県

寺町のねこ

静かな寺では静かにすることにしている。
鎌倉市・神奈川県

きれい好きだから大丈夫です。
鎌倉市・神奈川県

寺町のねこ

ねこたちには、ねこ同士で保つべき距離がある。

鎌倉市・神奈川県

この町並みにねこは欠かせない。
明日香村・奈良県

寺町のねこ

柿の木に登ってみる。
奈良市・奈良県

歴史のある石段にねこはよく似合う。
奈良市・奈良県

寺町のねこ

ねこの体の模様ほどバラエティに富んでいるものはない。
京都市・京都府

このあたりで一番のハンサムと呼ばれている。
岩出市・和歌山県

寺町のねこ

涼しい風が通る。
岩出市・和歌山県

爪を研いでから木に登るのが朝の日課。
尾道市・広島県

寺町のねこ

静かさが何よりだ。
善通寺市・香川県

朝の境内はすがすがしい。
松山市・愛媛県

寺町のねこ

兄弟ねこの幸せな時間。

琴平町・香川県

潮がひいたよと海鳥が教えてくれる。
天売島・北海道

港町のねこ

海を見ながら静かに微笑んでいた三毛。
天売島・北海道

朝市のお邪魔はしません。
函館市・北海道

港町のねこ

ひたすら眠いときだってある。

函館市・北海道

高いところでオスの誇示。
網地島・宮城県

港町のねこ

オスが気にすることはたくさんあります。

網地島・宮城県

ねこのバランス感覚を見よ。
石巻市・宮城県

港町のねこ

お兄ちゃんも本気で遊んでいる。

石巻市・宮城県

港の大きな空を見ながらねこは育つ。
石巻市・宮城県

港町のねこ

声をかけていいものかどうかそれが問題だ。
田代島・宮城県

見上げる先には何が見えているのだろう。
横浜市・神奈川県

港町のねこ

港のねこ、元気でいるかなぁ。
横浜市・神奈川県

気がついてくれるように鳴いてみる。
茅ヶ崎市・神奈川県

港町のねこ

兄弟はとても仲が良い。いっしょに地引き網の手順を見守っている。

三保市・静岡県

そろってご主人の帰りを待ち受ける。
日間賀島・愛知県

港町のねこ

ねこにとって気持ちの良いことはたくさんある。

美浜町・福井県

大きなオスには崇拝者がいる。
唐津市・佐賀県

港町のねこ

おいらの隠れ家です。
藍島・福岡県

誰を待ちわびているのだろう。
那覇市・沖縄県

南国のねこ

塀の上から確かめている。

竹富島・沖縄県

石垣の陰から見つめている。
竹富島・沖縄県

南国のねこ

島のヒトではないね、誰なの。

竹富島・沖縄県

朝、道がはき清められている。
竹富島・沖縄県

南国のねこ

陽が傾いたのでやっと歩けるようになる。
座間味島・沖縄県

シーサーに負けていません。
竹富島・沖縄県

南国のねこ

けっしてニワトリさんを狙っているわけではありません。

竹富島・沖縄県

美しい海辺で暮らす。
座間味島・沖縄県

南国のねこ

この先の選択肢はたくさんある。
竹富島・沖縄県

ポルトベーネレ・イタリア

世界のねこ旅

Overseas

靴屋さんのねこ。店の前には運河がある。
ベネチア・イタリア

italy

風格のあるねこたちが集まる広場。
ベネチア・イタリア

そろそろランチの時間が始まっている。
ベネチア・イタリア

italy

おみやげ屋さんにかわいがられている。
ベネチア・イタリア

恋を語り合っています。
ベネチア・イタリア

italy

見ることで確かめることはたくさんある。
ベネチア・イタリア

ヒトの顔が見えるのか、かわいいメスが見えるのか。
ベネチア・イタリア

italy

誰もいない朝の通り。アレッ誰か来た。
ベネチア・イタリア

考えるメス。
ベネチア・イタリア

italy

ベネチアのねこは縞模様が多いそうだ。
ベネチア・イタリア

おまわりさんを見るとあくびをしてしまうのは何故だろう。
ベネチア・イタリア

italy

動くものについ反応してしまうのがねこだ。
ベネチア・イタリア

大好きなおじさんがやってきたらしい。
シチリア島・イタリア

italy

親子のふれ合い。
シチリア島・イタリア

舟底にいるのを見つかってしまった顔。
シチリア島・イタリア

italy

ねこから見つめられると気配を感じてしまう。
シチリア島・イタリア

首から上だけが涼しい。
シチリア島・イタリア

italy

雨になるかもしれないと、ねこにいわれたような気がする。
ポルトベーネレ・イタリア

ボートから見た船着き場のねこ。
ポルトベーネレ・イタリア

italy

恋するオスの眼差し。
ポルトベーネレ・イタリア

オスがメスを見つめています。
アッシジ・イタリア

italy

オリーブ、ブドウ畑、糸杉、典型的なトスカーナ風景。
フィレンツェ・イタリア

見返り美人です。
フィレンツェ・イタリア

italy

あくびをするまで置物に見えてしまった。
フィレンツェ・イタリア

バラの香りに包まれて。
カルーゾ・イタリア

italy

春はねこの恋の季節となる。
ローマ・イタリア

ねこも笑うことがあるのかな。
ミコノス島・ギリシャ

greece

思考するねこ。
サントリーニ島・ギリシャ

狭い路地上にねこの通う道が広々とある。
サントリーニ島・ギリシャ

greece

吹き上げてくる海風が気持ち良い。
サントリーニ島・ギリシャ

ちょっと緊張しても、けっして慌てない。
ミコノス島・ギリシャ

greece

陽が西へと傾き始めて、昼寝から目が覚める。
サントリーニ島・ギリシャ

メスに叱られたオスの恰好。
サントリーニ島・ギリシャ

greece

ドラマチックな空を見上げながらの暮らしはいかがですか。
サントリーニ島・ギリシャ

ヒトから考えると、とんでもない高さを平気で歩いていることになる。
アテネ・ギリシャ

greece

いつでもサボテンの陰に隠れられる。
ミコノス島・ギリシャ

気配をうかがう。
ワン・トルコ

turkey

旧市街にて。
イスタンブール・トルコ

ねこって姿勢がいいよね。
イスタンブール・トルコ

turkey

グランドバザールにて。
イスタンブール・トルコ

かわいい子ねこがいっぱいいる街。
イスタンブール・トルコ

turkey

ほっといてください。
イスタンブール・トルコ

匂いに誘われる。
イスタンブール・トルコ

turkey

整理整頓は店の主人にまかせてある。
イスタンブール・トルコ

博物館の前。
イスタンブール・トルコ

turkey

にらみ合い。
イスタンブール・トルコ

急坂を登りきると、ねこが涼しい顔をして待っている。
カッパドキア・トルコ

turkey

少しでも高いところから見ようとする。
カッパドキア・トルコ

高いところから確かめる。
カッパドキア・トルコ

turkey

まず鳴いて、相手の動きを見る。
カッパドキア・トルコ

モスクの多い町、カイロ。
カイロ・エジプト

egypt

母子で露天商の世話になっている。
カイロ・エジプト

招き猫になる。
カイロ・エジプト

egypt

アレキサンドリアの海岸にて。
カイロ・エジプト

家畜市の朝を迎えている。
ルクソール・エジプト

egypt

この村で生まれて育っていく。
ルクソール・エジプト

いよいよ子ねこたちを引っ越しさせる日がきたようだ。
ルクソール・エジプト

egypt

そこで何してるんですか。
アスワン・エジプト

玄関先でご主人を待つ。
アスワン・エジプト

egypt

耳が大きいから良く聞こえるのかもしれない。
アスワン・エジプト

待つことも必要だ。
アスワン・エジプト

egypt

母親が帰ってきた。
アスワン・エジプト

これで目の高さがラクダと同じになる。
ギザ・エジプト

egypt

ナイル川の香りがただよう。

アスワン・エジプト

砂漠の入り口です。
ワルザザート・モロッコ

morocco

見つめられるとどうにも動けなくなってしまうねこの目力。
ラバト・モロッコ

涼しい色に誘われて。
ラバト・モロッコ

morocco

オスの虚勢とメスの疑心。
ラバト・モロッコ

ねこは光線をよく知っている。
ラバト・モロッコ

morocco

朝の集会に間に合うように。
ラバト・モロッコ

僕がモデルになってあげる。
ラバト・モロッコ

morocco

カメラに向かってポーズを決める。
ラバト・モロッコ

いろいろ確かめながら路地を行く。
バハリル・モロッコ

morocco

ねこが次から次へ現れて犬が最後に現れる。
ムーレイイドリス・モロッコ

カフェは砂漠のオアシスだ。
チェビ砂漠・モロッコ

morocco

砂漠を散歩するカフェのねこ。
チェビ砂漠・モロッコ

潮風が薫る街。
エッサウィラ・モロッコ

morocco

じゅうたん屋のねこです。
エッサウィラ・モロッコ

丘の上の町の中でも高いところが好き。
シャウエン・モロッコ

morocco

朝のお出かけ。
シャウエン・モロッコ

屋根から降りてきたけれどここで行き止まり。
シャウエン・モロッコ

morocco

重いはずなのに母ねこは満足そう。
シャウエン・モロッコ

迷宮の入り口。
フェズ・モロッコ

morocco

ときには試練もある。
フェズ・モロッコ

これから愛を語らいます。
フェズ・モロッコ

morocco

ベテランのメスがふり向く。
カサブランカ・モロッコ

砂漠の中のオアシスがここ。
エルラシディア・モロッコ

morocco

いろんなことがあるけど仲良くしよう、と犬がいっている。
エルラシディア・モロッコ

おはようございます。
バルセロナ・スペイン

spain

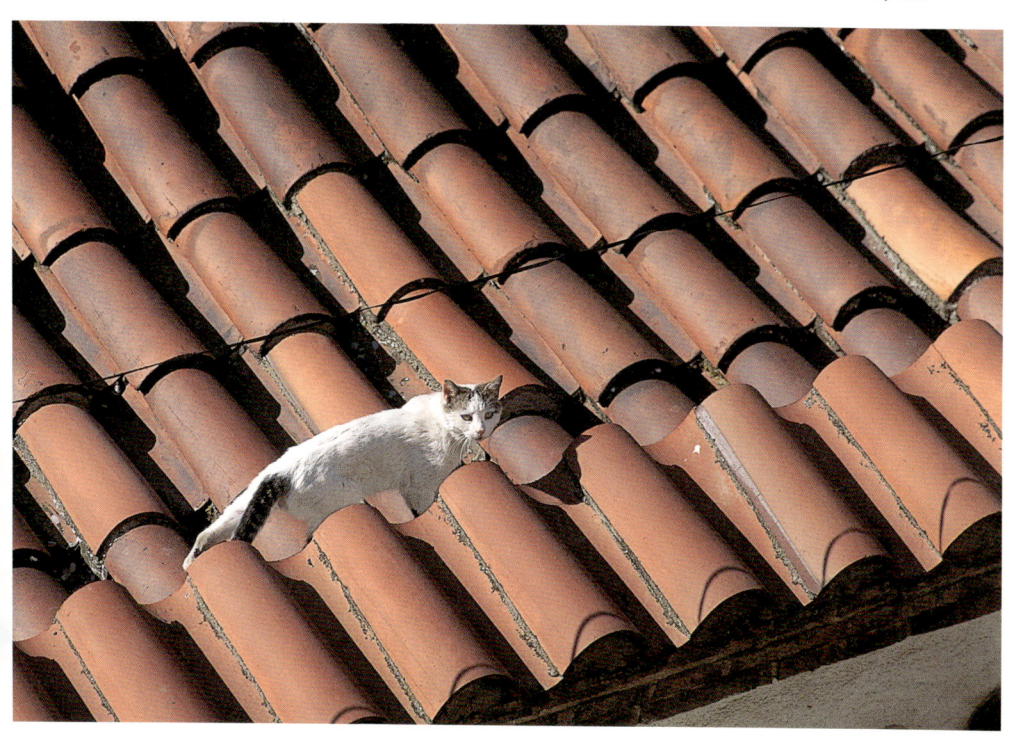

見られていると気づく。
バルセロナ・スペイン

公園デビューはいつのことだったかな。
バルセロナ・スペイン

spain

いつもの場所でいつもの水を飲めるのがいいのです。

コルドバ・スペイン

左右を確認。
コルドバ・スペイン

spain

春の日ざしに誘われるのは誰でも同じだろう。
グラナダ・スペイン

きょうだいそろって。
アルプハラ・スペイン

spain

ねこのバランスの良さには感心してしまう。
アルプハラ・スペイン

白いねこと赤い花を見つけた瞬間、ねこに悟られる。
アルプハラ・スペイン

spain

広がる青空の下、ねこは何を見て、何を考えるのだろうか。
アルプハラ・スペイン

ウシに舐められるのがうれしいねこがいる。
ラマンチャ・スペイン

spain

お互いの距離をねこはよく知っている。

ラマンチャ・スペイン

塀から降りる子ねこを見ている。
シエラネバダ・スペイン

spain

お腹を見せて転がるのは友好の証し。
トレベレス・スペイン

旅のおわりに

　ねこを撮影しても、ねこを撮影させてくれた飼い主さんには出会えないこともあります。この場を借りて、お礼申し上げます。撮影をさせてくれたねこたちにも感謝します。

　カメラを構えながら、ねこを探していると、ねこの多いところと少ないところがあることに気づきます。ねこの少ないところはたいてい、昔からの町ではなくて、人があとからつくった新しい町です。地形や風とおしのことなどを考えないでつくった結果、風がとおりぬけない暑苦しい町ができてしまったのです。ねこはそんな町には、いたくないのです。

　ねこはいちばん苦労をしないで歩く道を知っています。バランス感覚にすぐれ、身のこなしは軽く、三次元の空間の使いかたも見事です。視覚も聴覚も嗅覚もすぐれています。美しくしなやかな体ももっています。

　ところが人間はどうでしょうか。自然を感じる力のなんと情けないことか。もし、ねこの行動をよく見て町をつくっていたら、もっと住みよい町ができていたのではないかと思います。

　僕自身、ねこのしぐさやふるまいを見ていると、自分のなかの隠された感性が呼び覚まされるのを感じます。僕は、そんなところもねこに感謝しているのです。ねこをよく知り、ねこに学べば、世の中はもっとよくなるのではないかと思います。

2013年7月　岩合光昭

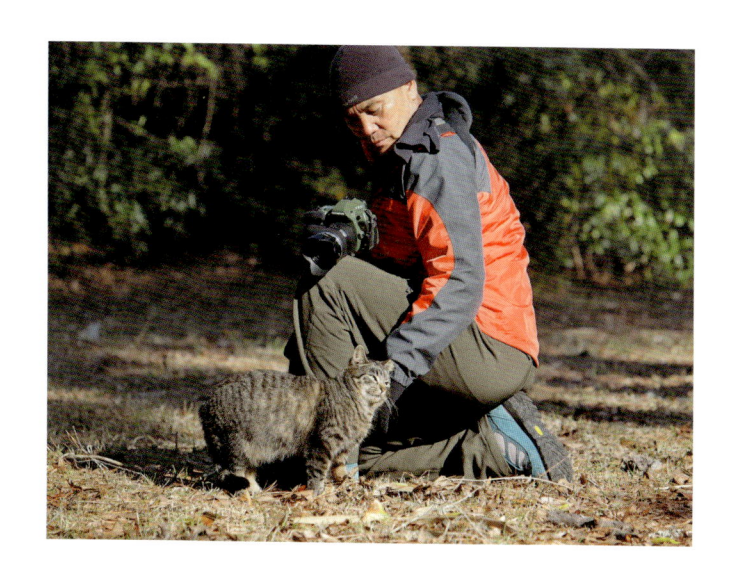

岩合光昭　いわごう みつあき

1950年、東京生まれ。地球上のあらゆる地域をフィールドに動物たちを撮影する。その美しく、想像力を かきたてる作品は世界的に高く評価されている。一方で身近な存在であるねこもライフワークとして 撮り続け、2012年からNHK BSプレミアム「岩合光昭の世界ネコ歩き」の撮影を開始。ねこに関する著書に、 『ママになったネコの海ちゃん』(ポプラ社)、『ネコ 立ち上がる』(日本出版社)、『ハートのしっぽ』(小学館)、 『ネコに金星』『ネコさまとぼく』『旅行けばネコ』(以上、新潮文庫)、『ネコを撮る』(朝日新聞社)、『猫の恋』 (毎日新聞社)、『ネコと歩けば』(辰巳出版)、『ねこ歩き』『ネコライオン』(以上、クレヴィス)などがある。

岩合光昭×ねこ旅

2013年10月5日　初版第1刷発行
2016年3月15日　初版第5刷発行

著　　者：岩合光昭
デザイン：紀太みどり（tiny）
編　　集：岡山泰史、山田智子
取材協力：オリンパスイメージング株式会社

発行人：川崎深雪
発行所：株式会社山と溪谷社
〒101-0051 東京都千代田区神田神保町1丁目105番地
http://www.yamakei.co.jp/

印刷・製本：大日本印刷株式会社

【商品に関するお問合せ先】
山と溪谷社カスタマーセンター　tel.03-6837-5018
【書店・取次様からのお問合せ先】
山と溪谷社受注センター　tel.03-6744-1919　fax.03-6744-1927

乱丁、落丁などの不良品は送料小社負担でお取り替えいたします。
定価はカバーに表示してあります。

Copyright © 2013 Mitsuaki Iwago All rights reserved.
Printed in Japan
ISBN978-4-635-55007-9

＊本書は2005年〜2013年発行の小社刊カレンダー「岩合光昭
　×ねこ」に掲載された写真をもとに再編集したものです。
＊撮影地の名称は、撮影当時のものを掲載しました。